AF588980

LA PORCHERIE.

LA

PORCHERIE

PAR

Jules BONHOMME.

VILLEFRANCHE
VEUVE CESTAN, ÉDITEUR.
Place Notre-Dame.

PARIS
VEUVE BOUCHARD - HUZARD
rue de l'Éperon-St-André 5.

1862.

LA PORCHERIE.

CHAPITRE Ier.

Du choix d'une race.

On élève et on nourrit des cochons dans le seul but d'en obtenir de la viande et du lard ; le cultivateur doit donc s'appliquer à choisir une race où l'engraissement se fasse aisément et avec le plus d'économie possible. Il faut, en outre, que cette race soit robuste, afin de diminuer les chances de maladie et de pertes, et en même temps féconde, car la vente des jeunes cochons, après que le cultivateur a fait choix de ceux qu'il veut garder pour les élever, est un des produits les plus importants de la Porcherie.

L'aptitude à l'engraissement est chez les animaux en raison de l'harmonie et de la symétrie des formes du corps. Les éleveurs anglais ont reconnu que cette aptitude accompagnait toujours un corps cylindrique et une fine ossature. C'est à ce point de vue, qu'à force de soins et d'attention dans le choix des reproducteurs, ils sont parvenus à modeler leurs animaux de boucherie, leurs bœufs, leurs moutons et leurs porcs.

Les formes qu'on doit rechercher dans le porc, sont un corps arrondi en cylindre, profond et allongé, les reins et la poitrine larges, les cuisses et les épaules amples, bien fournis de chair jusqu'aux jarrets; les jambes courtes, menues, fines aux articulations; la tête petite, le museau court et fin, les joues charnues, le front relevé, le cou arqué, court, épais, et continuant la ligne du dos. Un poil fin et soyeux, des oreilles petites et dirigées en avant sont des caractères auxquels on doit attacher du prix; ils dénotent la pureté du sang dans les races anglaises améliorées.

On reconnaît qu'une race est robuste, à la vivacité du regard et à l'attitude du corps. Le port est toujours assuré chez un animal doué d'une bonne constitution; une attitude affaissée, la tête basse, des yeux mornes et sans vie dénotent toujours ou des vices cachés ou la faiblesse de la race.

Ajoutons qu'il faut aussi faire attention à la forme des pieds; ils doivent se poser franchement sur le sol; leurs ongles doivent être droits, serrés, bien égaux; des pieds difformes sont toujours un signe de dégénérescence.

Ces caractères dont l'ensemble constitue la beauté chez les races d'élite ne sont pas de pure fantaisie, mais chacun d'eux témoigne d'une qualité nécessaire: la largeur de la poitrine et l'ampleur du coffre annoncent l'énergie des organes de la respiration et de la digestion; la finesse de l'ossature de la tête et des membres, la prédominance des parties utiles de l'animal sur celles de peu de valeur; la brièveté des jambes, une prédisposition à la tranquillité, sans laquelle l'engraissement se fait toujours mal; la finesse du poil promet celle de la chair et du lard.

On ne doit pas s'attendre à trouver ces caractères dans nos cochons de races communes, au même degré que dans les races anglaises perfectionnées. Cependant en choisissant des animaux dans nos races indigènes on ne perdra pas de vue ces caractères, et on préférera toujours les sujets qui s'éloigneront le moins de la perfection, comme étant les plus propres à laisser du profit; car il est essentiel qu'un cochon, quelle que soit sa race, les possède à un certain degré, pour qu'il ait quelque valeur.

Certaines races se distinguent par un développement ou plutôt par une maturité précoce; mais cette précocité ne s'acquiert qu'aux dépens de la taille et de la qualité. Un porc peut, dès l'âge de 7 à 8 mois, se charger de graisse et de lard; mais ce lard et cette graisse seront moins fermes et moins consistants que chez un sujet dont la maturité sera plus retardée. Les éleveurs anglais divisent leurs races de porcs en deux catégories, chacune propre à un but différent; l'une, celle des *petites races* donne des animaux propres à la charcuterie, ou bien à la consommation des ménages bourgeois, où le lard sert plutôt d'assaisonnement que de mets principal; il est, ainsi que leur viande, d'une finesse extrême: mais pour la production du lard qui doit être obtenu en fortes pièces et préparé en vue d'une longue conservation, dont la fermeté et l'épaisseur sont les qualités principales, on préfère des cochons de grande taille, quoique ceux-ci mettent plus de temps à atteindre leur maturité. Dans les *grandes races*, la faculté d'assimilation n'est pas poussée au même excès que dans les petites, que la seule ration d'entretien suffit souvent à engraisser, au point d'amener la stérilité chez la femelle et l'impuissance chez le mâle. Cependant l'amélioration des grandes races a été conduite sur les mêmes principes que celle des petites; seulement on n'a pas poussé l'application de ces principes aussi loin.

Dans le choix d'une race, l'éleveur devra tenir compte des besoins du commerce local: au voisinage d'une grande ville, il pourra nourrir avec quelques chances de succès des variétés précoces ; nul doute qu'on n'apprécie bientôt leur valeur comme viande de charcuterie ; mais le plus souvent on devra préférer les variétés capables de donner du lard épais et ferme, c'est-à-dire les grandes races. Dans l'ouest de l'Aveyron, le Lot, la Dordogne, la Corrèze, la Haute-Vienne on élève un grand nombre de cochons appartenant à la race noire ; le commerce les achète gras pour les conduire sur les marchés du Midi ; il importe alors d'avoir des animaux bons marcheurs, mais en même temps d'une bonne graisse, qualités qui semblent s'exclure, mais dont la réunion se trouve cependant chez la race noire. Les éleveurs de ces contrées ne devront donc pas changer leur race à la légère et s'ils tentent de l'améliorer par des croisements, ils devront les conduire en vue de rester dans les conditions essentielles de la spéculation locale.

—

CHAPITRE II.

Principales races de porcs.

Bien que l'on rencontre en France de nombreuses variétés dans l'espèce du porc, on peut cependant les réduire à deux types principaux : la *race noire* et la *race blanche*.

La première semble plus répandue dans le sud-ouest de la France, la seconde dans le nord et dans l'est.

Les sujets de choix de la race noire ont les jambes médiocrement hautes, le corps ramassé, le dos large, les soies fines et brillantes; la tête assez courte, les oreilles de grandeur moyenne, assez étroites, plus ou moins redressées; les pieds durs et bien faits; mais le train de devant rarement en rapport avec celui de derrière, est plus bas et plus étroit. Dans quelques variétés, il y a des pendeloques sous la ganache à la manière des chèvres. Le lard est d'une excellente qualité, très-fin et très-ferme dans les localités où l'on nourrit avec des châtaignes ou du gland.

A la race noire appartiennent les variétés dites de Quercy, de Périgord, de Limousin et plusieurs autres qui en diffèrent peu; leur volume est variable et peut atteindre de très-hautes proportions. Un sujet appartenant à la variété de Périgord, amené au marché de Rodez, en mars 1844, mesuré et pesé par ordre de la Société d'Agriculture de l'Aveyron, a donné les dimensions suivantes:

Longueur prise du museau à l'origine de la queue	2m 45
Circonférence	1m 98
Hauteur au-dessus de l'épaule. . . .	1 40

Il a pesé 445 kilos : c'était un vieux verrat qui était devenu très-méchant; il était médiocrement gras, et avait dû consommer énormément pour arriver à ce poids.

La race blanche est généralement plus grande et plus éfflanquée. Elle a le dos arqué, les jambes longues, les os forts, la tête grosse avec de longues oreilles pendantes. Le type de cette race semble être la variété Craonnaise tant vantée et cependant inférieure aux bonnes variétés de la race noire.

Dans les deux races il s'est formé un grand nombre de variétés, dues soit au mélange des deux sang, soit à des influences locales : mais en outre quelques auteurs pensent que nos meilleures variétés, conserveraient des traces d'un ancien croisement par le cochon Chinois ou de Siam. Cette espèce était du reste connue en France du temps de Buffon; mais bien qu'elle ait pu apporter de l'amélioration dans quelques variétés locales, il faut reconnaître qu'on n'a pas su l'utiliser avec autant de suite et de méthode que les éleveurs anglais, et qu'au bout du compte son influence est restée peu de chose.

Nos races françaises ont toutes le défaut d'être d'un engraissement difficile et de donner rarement un bénéfice en rapport avec ce qu'elles ont coûté. Il en était à peu-près de même autrefois dans toute l'Europe : les éleveurs anglais ont les premiers compris la possibilité et l'utilité d'améliorer leurs races à la fois par le moyen de la sélection et par celui des croisements avec les porcs Chinois et Napolitains, en vue de les rendre d'un engraissement plus aisé, plus prompt et moins coûteux. Les races anglaises perfectionnées ont en France, aujourd'hui, des partisans dont le nombre s'accroît journellement, et si nos habitudes et les besoins du commerce ne permettent pas de les élever pures, on reconnaît cependant combien les nôtres ont à gagner par leur croisement avec elles. Il importe donc de connaître celles qu'on s'accorde à préférer.

La race de *Dysley*, plus connue sous le nom de *New-Leicester*, est due au célèbre Backwell qui la forma par sélection d'après les principes qui le guidèrent dans la création de ses races de bœufs et de moutons. Elle est délicate, mais elle acquiert un tel degré d'embonpoint que les sujets engraissés qui en proviennent ressemblent, selon les expressions d'un économiste, plutôt à des cylindres de chair qu'à des animaux vivants ; la face, le cou et les pieds étant comme perdus dans une exubérance de graisse. A cause de leur peu d'activité, les mâles *New-Leicester* sont mauvais reproducteurs, et les femelles peu fécondes ; leur croissance est moins rapide que celle de la plupart des autres variétés. Malgré cela, la perfection de leurs formes et leur aptitude à s'engraisser les a fait employer, concurremment avec les porcs Chinois et Napolitains, à l'amélioration des autres races anglaises, et même aujourd'hui un porc est qualifié d'animal de sang selon qu'on lui reconnaît une alliance plus ou moins intime avec la race New-Leicester.

La race de *Berkshire* est grande et donne un lard de très-bonne qualité : elle est due à des croisements répétés où sont intervenus les New-Leicester, les Chinois et les Napolitains, ce qui en a diminué la taille, moindre aujourd'hui qu'autrefois. Sa couleur est mélangée de blanc et de noir ; elle compte en France de nombreux partisans, et paraît très-propre à améliorer les races communes sous le rapport des formes, tout en leur conservant les qualités de leur lard. La race de *Berkshire* a cependant une symétrie moins parfaite que beaucoup d'autres variétés anglaises : elle a le museau alongé, les membres forts, et souvent le train de devant n'est pas en harmonie avec celui de derrière.

La race de *Hampshire* a le corps plus alongé et mieux fait que celle de Berkshire avec laquelle elle est souvent confondue. Sa tête est plus longue, sa robe est ordinairement tâchée, assez souvent blanche, et quelquefois entièrement noire. Les *Hampshire* proviennent du mélange d'une ancienne race avec les Berkshire, les Suffolk, les Chinois, les Napolitains et en dernier lieu avec les New-Leicester.

La race *d'Essex* est due au croisement d'une ancienne race avec le sang napolitain, porté à un tel degré qu'il est aujourd'hui, dit-on, impossible de distinguer *l'improved-Essex*, du pur Napolitain. Elle a pour caractères: la tête longue et fine, le dos court et plat, les os petits, la robe presque toujours noire et le poil rare. Son aptitude à prendre la graisse est des plus grandes, et telle qu'elle oblige souvent à se défaire avant le temps d'animaux qu'on voudrait voir achever leur croissance. La tête des *Essex* et leurs joues sont très-charnues, et leur lard très épais sur le dos.

Il existe une autre race d'*Essex*, désignée sous le nom d'*Essex demi-noire* et qu'on dit préférable ; elle est due aux soins de Lord-Western ; on l'a dit descendue des Berkshire. Sa robe est blanche et noire à poil court, sa peau fine, sa tête et ses oreilles sont plus petites que chez les Berkshire; elle a le coffre large et profond, les quartiers bien fournis; sa viande est excellente, sa croissance rapide ; les truies sont très-fécondes, mais on leur reproche d'être mauvaises nourrices.

On connaît dans le Yorckshire plusieurs races améliorées différentes de taille : l'une, dite la *Petite race*, la plus distinguée peut-être de toutes les races de cochons anglais, offre au plus haut degré tous les caractères qu'on recherche dans les animaux de cette espèce. La décrire serait répéter ce que nous avons dit en signalant les traits qui font la beauté des races les plus parfaites. L'autre, plus grande, est capable d'atteindre un poids élevé, tout en donnant un lard et une viande d'excellente qualité. Enfin on trouve dans le Yorckshire une troisième race, intermédiaire pour la taille aux deux précédentes et qui est en grande faveur ; elle est estimée à la fois pour la charcuterie et pour la salaison ; elle donne selon Dickson des pièces splendides lorsque les animaux sont engraissés à fond après avoir pris tout leur développement.

En France les races de *Yorckshire* sont recherchées pour les croisements dans les contrées où l'on tient à conserver la couleur blanche du pelage.

Ces races anglaises proviennent de croisements multipliés et poursuivis en vue d'un même but qui est la symétrie des formes et l'aptitude à prendre la graisse. Elles tendent toutes à se fondre dans un type unique ; cependant tous les jours paraissent sous des noms nouveaux de nouvelles variétés, le plus souvent basées sur des différences imperceptibles; mais ces variétés récentes souvent remarquables par leurs formes manquent généralement de fixité et l'on doit pour les croisements leur préférer des variétés plus anciennes.

Il est encore deux races qu'il importe de connaître à cause du rôle important qu'elles ont pris en Angleterre, dans l'amélioration des anciennes variétés : ce sont les races *Chinoises* et *Napolitaines*.

La première, dont le cochon de *Siam* est une variété est de petite taille ; elle a le corps cylindrique et le cou très-court; le dos qui part presque de la tête est ensellé et le ventre pendant à tel point que dans les sujets engraissés il touche presque à terre ; la tête est courte, fort petite avec le front large et le museau fin ; l'oreille est courte, petite, un peu inclinée en arrière ; l'ossature est très-fine et les membres très-courts ; le poil est fin et peu soyeux. Dans la variété de Siam, la peau d'un rouge cuivré et recouverte de poils noirs paraît bronzée ; la robe est noire, blanche ou pie dans la variété Chinoise.

Des sujets de cette race sont souvent apportés en Angleterre et quelquefois en France, comme provision de bord, par des navires qui reviennent de l'extrême Orient ; excepté en Portugal où elle paraît être naturalisée, elle est rarement élevée pure et n'est utilisée que pour des croisements; elle doit à la nature et aux soins dont elle est l'objet dans son pays natal, ces formes arrondies et cette aptitude à s'engraisser que les éleveurs anglais se sont efforcés de donner à tous leurs animaux de boucherie, et leur a permis d'atteindre rapidement pour l'espèce du porc, le but qu'ils ont poursuivi avec plus de lenteur dans les autres espèces, par la pure voie de la sélection.

La race *Napolitaine* est noire, nue ou parsemée de quelques poils; sa chair est d'un goût délicat ; son corps est bien formé, sa tête est petite, ses membres sont fins et moins courts que dans la race chinoise. Peu robuste, cette race est incapable de prospérer dans des climats froids, mais elle est très-propre à donner de bons métis avec les races communes. Nous avons vu que la plupart des races améliorées de l'Angleterre avaient de ce sang mêlé à celui des New-Leicester et des Chinois.

Le lard des cochons Napolitains est souvent apporté dans nos ports de la Méditerranée, où coûtant moins que le nôtre, il trouve un débouché pour les approvisionnements de la marine.

—

CHAPITRE III.

De l'amélioration des races de porcs.

Serait-il désirable de voir entreprendre l'amélioration de nos races de cochons communes d'après des principes analogues à ceux qui ont guidé les éleveurs Anglais ? La réponse affirmative à cette question ne peut être douteuse. Nul aujourd'hui ne conteste que nos races indigènes, même les meilleures, ne soient d'un développement lent et d'un engraissement difficile ; il serait donc avantageux d'avoir des animaux plus précoces et moins coûteux à engraisser. Mais les habitudes de nos populations nous commandent de ne pas aller encore aussi loin que les Anglais. Bien que la viande de charcuterie soit à peu-près partout d'une vente facile, il serait imprudent de ne produire que des animaux propres à cet usage. Cependant la méfiance dont les races Anglaises ont été longtemps l'objet parmi nous diminue tous les jours et on trouve assez généralement à se défaire avec avantage des métis qui en proviennent. Cela tient à ce que les races Anglaises étant aujourd'hui bien connues, on sait choisir pour les croisements celles qui ont les qualités recherchées dans les nôtres : *a valuable-bacon*, disent les anglais, *un bravé bocou*, dit-on dans les patois Aveyronnais ; de belles pièces de lard, longues, larges, épaisses.

C'est là ce qu'il nous faut, et qu'il nous faudra sans doute encore longtemps, et à ce titre je pense que parmi les races Anglaises les Berckshire, les Hampshire, la grande race et la race moyenne de Yorckshire devront avoir dans la plupart des cas la préférence sur les *Essex* et les autres petites races, lorsqu'on voudra se borner à obtenir de bons métis. Mais on devra procéder d'une façon plus méthodique si l'on veut entreprendre l'amélioration de nos races indigènes en vue d'un résultat durable, et obtenir des races nouvelles douées de fixité. Voici la marche que suivent ordinairement les éleveurs Anglais: ils croisent une ou deux fois la race commune par les mâles Chinois, Napolitains ou New-Leicester; ils font choix des meilleurs produits pour les croiser encore avec la race commune; ils poursuivent ensuite l'amélioration par sélection, et souvent les races nouvelles ainsi obtenues sont à leur tour croisées entre elles. Mais ce n'est jamais qu'en dernier lieu que ces derniers croisements interviennent et je prie le lecteur de remarquer que les croisements au début ont toujours lieu par des races anciennes et fixées depuis très-longtemps.

Avant d'aller plus loin disons ce qu'on entend par *Atavisme* : c'est une prédisposition chez les deux sujets qui concourent à la génération à reproduire les traits physiques et moraux de leurs ancêtres. La force d'atavisme est en raison de l'ancienneté de la race. Lorsqu'on accouple des animaux appartenant à deux races également anciennes, les deux forces d'atavisme se balancent. Si une seule des deux races est acclimatée dans la contrée où se fait le croisement, l'atavisme de celle-ci prédomine. Si on donne un mâle d'une race bien fixée et déjà ancienne, quoique étrangère à la localité, à des femelles de sang mêlé et ayant perdu tout caractère de race, l'atavisme du mâle prédomine; les forces se balancent, au contraire, si la race du mâle est récente.

L'atavisme rend raison de faits observés journellement dans la pratique des croisements. Livrez une femelle d'une bonne race indigène à un mâle étranger, vous aurez d'abord des produits où se reconnaîtront les formes du père, la taille et le pelage de la mère ; chacun des parents aura exercé sa part normale d'influence, car on sait que dans les croisements le père donne ses formes extérieures, et comme celles-ci sont toujours en rapport avec les organes intérieurs, il donne aussi sa constitution et son énergie vitale. La mère donne sa taille, sa fécondité, son aptitude à vivre dans les milieux environnants. Mais si on continue à accoupler les produits de ce croisement soit entre eux soit avec ceux d'autres portées venues de parents différents mais de mêmes races, bien que l'on procède par sélection au point de vue de la race étrangère, on ne pourra pas arrêter un recul vers la race indigène, recul qui se manifestera de plus en plus dans les générations suivantes, si l'on ne renforce pas le sang étranger par de nouveaux croisements. C'est ce qui explique le peu de fixité qu'on remarque dans la plupart des croisements faits en France avec des animaux de races Anglaises.

Si on fait couvrir une truie de sang mêlé par un verrat de race étrangère encore peu fixée, on peut avoir dans une même portée des produits conçus sous des influences différentes, et l'atavisme remontant très-haut peut dérouter toutes les prévisions en ramenant des caractères provenant de tous les ascendants. Une truie ayant un quart de sang Hampshire mêlé à celui de la variété de Périgord a donné à la fois des petits entièrement blancs comme le mâle qui était un Midlessex, un avec des taches noires, d'autres avec la tête, le cou, la poitrine et les jambes de devant roux, caractère qui remontait aux ancêtres de l'une ou l'autre race Anglaise, avant qu'elles aient été améliorées. Tous les sujets du reste tenaient du père par leurs formes, mais à des degrés différents.

L'emploi dans les croisements de reproducteurs de races récentes ne peut qu'amener de la confusion dans les produits; c'est à cause de cela sans doute que les éleveurs Anglais commencent toujours l'amélioration de leurs races indigènes par le sang Chinois et Napolitain dont les caractères sont fixés depuis longtemps ou par les New-Leicester race formée par sélection et sans l'intervention d'un sang étranger; et si l'atavisme de la race commune tend à l'emporter, une nouvelle mais légère infusion de sang étranger vient rétablir l'équilibre. Cette infusion se fait alors au moyen de races nouvelles obtenues par croisement et sélection, modelée sur les mêmes principes que celles qu'on s'occupe d'améliorer, où est intervenu le même sang étranger, et où l'atavisme indigène n'a pas encore manifesté ses tendances rétrogrades. Ces nouvelles races n'apportent qu'un degré de sang étranger suffisant pour renforcer celui qui existe déjà mais pas assez pour le rendre prédominant.

C'est donc à tort que beaucoup d'éleveurs tentent d'améliorer leurs races communes par des sujets de sang Anglais et que nul ne pense à imiter nos voisins en employant des verrats Chinois ou Napolitains. On trouve cependant sans trop de peine à se procurer des cochons Chinois et les relations qui existent entre la France et l'Italie devraient permettre d'avoir des cochons Napolitains aussi facilement que des Anglais. Quant aux New-Leicester malgré la pureté de leur sang, il y a contre eux une objection; c'est que les races du nord n'ont pas l'énergie vitale de celles dont la fibre est trempée par le soleil du midi. Dans les croisements, à fixité égale de race, celles-ci doivent faire prédominer leur influence sur celles qui viennent du nord; on n'a pour s'en convaincre qu'à comparer la persistance des croisements faits par le cheval arabe ou le mouton mérinos avec le peu de solidité qu'ont ceux dus au sang Anglais. C'est avec raison que M. de Dampierre, a conseillé de ne pas employer à la reproduction les métis des races Anglaises.

Cependant quelques essais permettent d'attendre de bons résultats de la méthode des croisements *alternatifs* entre sujets de races Françaises et Anglaises. Cette méthode consiste à donner à une femelle de la race commune que l'on veut améliorer un mâle de celle dont on veut lui communiquer les qualités. On fait couvrir les femelles obtenues par ce premier croisement par des mâles de la race commune; celles qui proviennent de ce second croisement sont couvertes par des mâles de la race amélioratrice. On poursuit ainsi pendant plusieurs générations, et le sang étranger s'infuse graduellement dans la race commune, sans la dénaturer et sans lui oter les qualités qu'elle peut avoir et qu'il est bon de conserver. On arrête le croisement au point où l'on veut le fixer, en ayant toujours la précaution de seconder l'action du sang par le régime.

Pour l'espèce du porc et dans la plupart des situations on devrait s'arrêter au cinquième ou au sixième croisement; on n'aurait pas, tout-à-fait le *Tonquin* au lard trop fondant pour nous, mais on n'aurait plus les animaux à longues jambes et difficiles à engraisser qu'on voit trop souvent dans nos races communes.

On devra être attentif à bien choisir la variété Anglaise qu'on emploiera au croisement. On devra préférer les plus anciennes et les mieux fixées, les Berkshire chez les grandes races, les New-Leicester chez les petites; et lorsqu'on se sera décidé pour l'une d'elles n'en point changer inconsidérément.

La méthode qui consiste à améliorer une race par elle-même sans l'intervention d'un autre sang, est plus sûre mais plus lente. Ici l'éleveur devra tout attendre de ses soins et de la sagacité qu'il montrera dans le choix des reproducteurs; le premier point est de se rendre bien compte du but qu'on veut atteindre pour ne pas aller à l'aventure. En améliorant une race de porcs on ne peut avoir d'autre but que de la rendre plus facile à engraisser et plus précoce. La précocité résulte de la puissance d'assimilation, suite de l'énergie et de l'activité des organes digestifs qui les rend propres à utiliser toutes les parties nutritives des aliments. Les signes extérieurs de ces qualités sont l'ampleur de la poitrine, la rondeur du coffre, la symétrie de toutes les parties du corps jointes à la finesse de l'ossature et à celle de la peau et du poil. L'éleveur au début de l'entreprise devra s'appliquer à choisir des sujets réunissant ces caractères autant que leur race le comporte.

Se rappelant ce que nous avons dit plus haut au sujet de l'atavisme, il s'enquerra de tout ce qui concerne les ancêtres des sujets qu'il choisira; car il importe qu'ils descendent d'une race sans défauts, féconde et bien soignée depuis longtemps. Il sera bon de prendre très-jeunes les sujets qui serviront de point de départ à l'entreprise et de s'appliquer à maintenir leur symétrie et à l'améliorer même par un bon régime; on sait qu'elle est l'influence du régime sur la conformation des animaux. On devra les laisser se bien développer avant de leur permettre de se reproduire et ne pas livrer les truies au verrat avant un an.

Les produits qu'on obtiendra, nés de parents choisis et bien soignés, auront, on peut l'espérer, toutes les qualités de leur race; on fera encore un choix parmi eux pour les générations suivantes, en donnant toujours la préférence aux mieux conformés et l'on poursuivra toujours son entreprise en n'accouplant que ceux qui se rapprocheront le plus du type qu'on veut réaliser.

Dans la méthode d'amélioration par sélection, on ne peut éviter les croisements en-dedans, ce que les anglais appellent *in andin*. Mais trop fréquemment répétés, ces accouplements amènent dans l'espèce une dégénérescence qui se manifeste par la diminution de la taille et du volume du corps, par le relâchement de la fibre musculaire, l'altération de la symétrie des formes et par la diminution de la fécondité chez les femelles. On en combat du reste jusqu'à un certain point les effets par la bonté du régime. Dans la création d'une race par sélection, il est quelquefois bon de s'en aider pour diminuer la taille, amener la finesse des os, rendre la chair moins fibreuse. On accouple alors pendant une ou deux générations des sujets pris dans les mêmes portées; mais on cesse dès qu'on s'aperçoit qu'au lieu de modifications heureuses, on n'obtient plus que de mauvais résultats, sauf à y revenir plus tard s'il le faut.

Mais quelle que soit la méthode préférée, le croisement ou la sélection, quelle que soit la sagacité dont l'éleveur aura fait preuve dans le choix du reproducteur, il n'obtiendra jamais que des résultats incomplets s'il ne seconde pas l'action du sang par le régime. On se berce bien souvent d'une étrange chimère en pensant obtenir des animaux capables de se bien engraisser tout en ne consommant que peu de chose. Les animaux perfectionnés de boucherie, exigent au contraire une nourriture plus abondante et peut-être mieux choisie que ceux de race commune. On demandera quel avantage il peut y avoir alors à les tenir de préférence à ceux-ci. Cet avantage est qu'ils profitent mieux de la nourriture qu'on leur donne, en s'en assimilant plus complètement toutes les parties utiles. Une des propriétés qui distinguent les races perfectionnées est l'énergie et l'activité des organes de la digestion. On peut comparer ces organes à un appareil à distiller d'autant meilleur qu'il laisse moins d'alcool dans les résidus, tout en opérant avec économie et promptitude. Un porc de race améliorée consomme peut-être en un an autant qu'un porc commun en dix-huit mois; mais il est prêt pour la vente au bout d'un an, tandis qu'il en faut deux au porc commun ; c'est donc six mois de nourriture que l'on gagne. Si dès son jeune âge l'animal ne reçoit pas une nourriture en rapport avec l'activité de ses organes, celle-ci se paralyse et se perd, les organes n'acquièrent pas leur développement normal, et l'harmonie de tout l'ensemble est dérangée. C'est par le régime que les éleveurs anglais ont obtenu la précocité étonnante de leurs races et bien qu'il ait semblé quelquefois exagéré, il a toujours donné les meilleurs résultats sous le rapport de la beauté des formes et du profit.

CHAPITRE IV.

Logement des cochons et mobilier de la Porcherie.

Le logement des cochons influe beaucoup sur le succès de l'élevage et de l'engraissement. Quoique ayant une réputation assez générale de malpropreté, il n'est pas d'animaux auquel un logement sain et propre soit plus nécessaire; il doit être aéré, sec et chaud en hiver. Lorsqu'on n'a qu'un petit nombre de cochons il suffit de quelques loges bâties à peu de frais dans les angles des cours et ce sont peut-être les meilleures lorsqu'elles sont d'ailleurs dans des conditions convenables de salubrité. Dans les fermes où l'on en tient un grand nombre, la Porcherie prend une importance égale à celle des autres bâtiments ; elle comprend outre les loges, une cour spéciale et des locaux pour le dépôt et la préparation des aliments.

Le sol des loges doit être plus élevé que celui des cours environnantes, solidement pavé et légèrement incliné. Une partie du sol de la loge doit être recouverte d'un plancher élevé de 12 à 15 centimètres au-dessus du pavé; les cochons apprennent bientôt d'eux mêmes à se tenir sur ce plancher où ils sont plus chaudement que sur le pavé et ils déposent toujours leurs excréments sur ce dernier. Ce plancher est utile partout à leur santé et contribue à les préserver des rhumatismes; mais il est indispensable dans les contrées froides et humides : on le garnit de litière fraîche que l'on fait tomber sur le pavé lorsqu'elle est sale, pour absorber les urines et faire du fumier. Les portes des loges doivent être larges d'au moins 80 centimètres ; il est bon qu'elles s'ouvrent en dehors plutôt qu'en dedans, parce qu'il arrive souvent que les cochons au moment où ils comprennent qu'on va ouvrir se pressent contre la porte et s'exposent à être blessés si elle s'ouvre en-dedans. Les loges doivent en outre avoir des ouvertures que l'on puisse ouvrir et fermer à volonté.

On place souvent dans les loges les auges dans lesquelles on fait prendre aux cochons leur nourriture ; ces auges sont quelquefois disposées de manière à communiquer avec le dehors, d'où on les remplit commodément, sans être dérangé par les animaux. Une pareille disposition entraîne toujours plus de frais dans la construction du local et manque souvent de solidité à cause des charnières et autres ferrures qu'elle entraîne et qui se dérangent aisément ; il vaut mieux avoir un petit hangar à proximité des loges sous lequel les auges sont placées et où l'on conduit les cochons au moment du repas. On objectera en faveur des auges communiquant avec les loges qu'elles permettent de donner aux cochons leurs repas sans les déranger, chose importante pour ceux que l'on engraisse; mais ceux-ci même ne peuvent que gagner à sortir de temps en temps et à respirer un moment l'air pur du dehors.

Une Porcherie doit avoir des locaux particuliers pour les verrats, pour chaque truie portière et nourrice, pour les cochons sevrés de différents âges et pour ceux qui sont à l'engrais. Dans les fermes anglaises les loges sont ordinairement fort petites ; elles se composent d'un simple toit de 4 mètres carrés environ, s'ouvrant chacune sur une petite cour qui, de même que la loge, est garnie de litière et où il se fait beaucoup de fumier : au temps de l'engraissement on ne met jamais plus de deux sujets ensemble. On réunit plusieurs de ces loges les unes à la suite des autres et chacune d'elle communique avec une grande cour où tout le troupeau est souvent tenu en liberté.

A. Young a proposé un plan d'après lequel les loges sont disposées circulairement autour d'une pièce centrale qui sert de laboratoire et contient l'appareil à vapeur pour cuire les légumes, et un rang de cuves pour préparer les bouillies ; du laboratoire même on remplit les auges qui pour cela communiquent avec lui ; au-dessus est un grenier pour la provision de grain qu'on fait descendre au moyen de tubes en toile, et à l'entrée un magasin qui sert de dépôt pour les racines. Les loges s'ouvrent en-dehors, chacune est précédée de sa petite cour et peut contenir deux porcs. Ce bâtiment est construit au centre d'une cour plus grande, où se trouve un puits ou une citerne et la fosse à fumier.

Dans une Porcherie importante il est bon de trouver réuni tout ce qui est nécessaire pour le service, de rapprocher des loges le local où se fait la préparation des aliments et d'avoir l'eau à sa portée. Mais on doit éloigner le dépôt de fumier qu'il est du reste bon de réunir, à mesure qu'on l'enlève, à celui des autres animaux de la ferme ; j'ai trouvé que c'était celui qui se desséchait le moins promptement et qu'il contribuait à conserver de la fraîcheur dans le tas. Pour la bonne santé des animaux, il doit être enlevé fréquemment : je ne puis donc approuver un système qui consiste à creuser dans les loges une sorte de citerne pour recevoir les déjections solides et liquides des cochons, laquelle citerne est recouverte d'un plancher à claire voie sur lequel ils vivent, exposés ainsi aux émanations malsaines des matières en fermentation.

Le mobilier de la Porcherie comprend des appareils pour la cuisson des aliments, des cuves et des baquets pour leur mélange et leur transport, des auges, des pelles, des écopes pour leur manipulation.

Dans la plupart des fermes on se sert pour cuire les racines ou les légumes destinés aux cochons d'un chaudron qu'on place sur le feu de la cuisine, ou mieux d'une marmite fermant par un couvercle à recouvrement, qui tout en exigeant moins de combustible que le chaudron ouvert, en consomme encore beaucoup.

Dans les grandes Porcheries le besoin d'économiser le bois et le charbon et en même temps de cuire beaucoup de racines à la fois, oblige d'employer d'autres appareils. On connaît depuis longtemps la *marmite Américaine :* elle se compose d'une chaudière faisant fonction de générateur et fixée sur un fourneau ; au-dessus est placé un tonneau défoncé par un bout, et dont l'autre fond, percé de trous, recouvre exactement la chaudière. On remplit le tonneau de racines ou de légumes ; la vapeur de l'eau contenue dans la chaudière pénètre dans le tonneau par les trous du fond et opère la cuisson en peu de temps ; le tonneau est fermé par un couvercle muni d'une poignée.

Plus tard la marmite Américaine est devenue *l'appareil de Stanley ;* il se compose d'un premier corps qui contient le fourneau et le générateur, d'où la vapeur se rend par un tuyau dans un récipient placé à côté et dans lequel sont les légumes. On fait des appareils de plusieurs dimensions et à un ou deux récipients; ils sont toujours fort chers.

M. Legendre construit un appareil plus simple qui par ses dispositions rappelle la marmite Américaine. Un seul corps contient le fourneau, le générateur et le récipient. La capacité de celui-ci est de 3 hectolitres et demi ; cet appareil est solide, commode, et tient peu de place; il est d'ailleurs d'un prix relativement peu élevé.

Outre ces appareils on a encore besoin pour le service de la Porcherie de divers vaisseaux pour mélanger, pétrir et délayer les substances dont se compose la nourriture des cochons, et au besoin les faire fermenter. Dans ce dernier but on se sert souvent d'une huche à pétrir ou de cuves dont la forme varie selon les habitudes locales : elle importe peu du reste ; il suffit que ces ustensiles aient la capacité voulue et qu'ils soient solides.

Les auges qui ne doivent servir qu'à un ou deux cochons peuvent n'être que de simples baquets ; celles qui doivent servir à un plus grand nombre se font en bois ou en pierre. Ces dernières sont les plus solides, mais elles ont l'inconvénient d'être pesantes et si elles ne sont pas bien taillées, on les nettoie difficilement; les auges de bois sont ordinairement creusées dans un tronc d'arbre ; il faut préférer le chêne ou le châtaignier comme plus durables ; elles sont plus faciles à nettoyer et les cochons y laissent moins de restes lorsque leur fond est concave et arrondi que lorsqu'il est plat et les bords taillés à angle droit. Elles doivent être percées d'un trou qu'on ferme avec une bonde et qui sert à écouler l'eau quand on les lave. Les grandes auges sont le plus souvent placées à demeure le long d'un mur. Il est bon qu'elles soient surmontées d'une perche fixée sur le devant d'une manière quelconque dans le sens de la longueur, à la hauteur de 35 centimètres environ au-dessus du bord pour empêcher les cochons d'y entrer. La longueur des auges se règle sur le nombre d'animaux auquel elles doivent servir ; leur largeur est de 35 centimètres environ.

On a des auges plus petites pour les porcelets et proportionnées à leur taille et à leur âge. Il est des personnes qui ont cru utile de les faire de telle façon que chaque porcelet ait sa place séparée ; un des appareils les plus ingénieux, imaginés pour cela, consiste dans une cuvette ronde en fonte du milieu de laquelle s'élève une tige d'où partent en rayonnant des feuilles de tôle; celles-ci en se joignant au bord de la cuvette forment autant de petites stalles. Cet appareil est bon sans doute , mais les cochonnets se trouvent tout aussi bien d'un auget assez long pour donner place à toute la portée, et qui peut être fait à moments perdus par le maître valet de la ferme

Il n'y a rien à dire sur les autres ustensiles nécessaires à la porcherie, tels que pelles, écopes pour manipuler les bouillies, et vider les cuves, fourches à fumier, balais, etc. Ces objets sont partout les mêmes; nous nous bornerons à rappeler qu'ils doivent être tenus propres.

—

CHAPITRE V.

Nourriture des Cochons.

Le cochon étant un animal omnivore, il n'est presqu'aucun des produits de la ferme qui ne puisse servir à son entretien; il utilise en outre certains déchets qui, sans lui, seraient sans valeur, tels que les eaux grasses des cuisines, le petit lait, etc. On a même imaginé de le nourrir avec la chair des clos d'équarrissage.

Les eaux grasses des cuisines, où sont jetées les épluchures des légumes et tous les débris de la table, ont une valeur d'autant plus grande, qu'elles sont plus chargées de déchets et qu'il y a moins de sujets à nourrir ; mais on les donne aux cochons la plupart du temps tellement alongées d'eau et tellement claires que les parties nutritives qu'elles contiennent se réduisent à bien peu de chose; elles ont alors une funeste influence sur les formes et la constitution des sujets et ne contribuent pas peu à amener la dégénérescence des races. Comme ces eaux ont plus de saveur que l'eau pure, elles excitent les cochons à s'en gorger; le ventre se distend et se ballonne, les membres restent grêles en comparaison ; l'eau pure dont l'animal ne prend que selon ses besoins serait plus salutaire. On doit donner aux cochons ces eaux ménagères telles qu'elles sont sans les alonger ; leur meilleur emploi est de les faire servir à humecter des aliments plus solides: il en est de même du petit lait bien que ce dernier soit plus nourrissant; on en a du reste rarement assez pour que les cochons puissent en prendre avec excès.

Dans les villes, on voit souvent des familles d'ouvriers

nourrir un ou deux cochons avec des eaux grasses qu'on leur cède dans des maisons aisées et auxquelles ils ajoutent un peu de son, quelques herbes ou quelques racines selon leurs ressources.

A part ces eaux grasses qu'on utilise partout, les autres substances employées à la nourriture des cochons varient selon les localités; ce sont les herbes des jardins et des champs, le trèfle, la luzerne, le sainfoin, la vesce; les feuilles de chou et de betterave, les racines, des grains, des châtaignes, du gland, les résidus de diverses industries, et à la campagne, le pâturage.

Le petit ménager utilise les herbes de son jardin et de son champ. Dans quelques localités de l'Aveyron, il cueille au printemps les feuilles mucilagineuses de *l'asphodèle* et les rosettes de feuilles radicales du *circe des marais.* Il fait cuire ces herbes pour les ajouter aux eaux grasses. Olivier de Serre nous apprend que dans quelques contrées, on utilise les feuilles de figuier, de mûrier, de noyer, d'orme et de vigne qu'on garde, dit-il, sur des planchers « pour les donner aux pourceaux cuites dans l'eau parmi leur mangeaille ordinaire. » On peut ajouter le *laitron* et *l'ortie,* qui l'un et l'autre mériteraient peut-être d'être cultivés pour les cochons.

Dans une ferme où on élève beaucoup de cochons, il importe d'avoir en toute saison une grande quantité de choux. On peut aussi cultiver pour eux la chicorée et surtout la laitue très-salutaire aux mères nourrices, à qui, elle donne beaucoup de lait et qu'elle rafraîchit en même temps; sa culture à ce point de vue a été recommandée par A. Young et par Dombasle. A. Young conseille aussi de cultiver pour les cochons la féverole pour la leur donner verte au moment de la chute des fleurs, et cet auteur pense qu'ainsi employée cette plante laisse autant de profit que lorsqu'on la cultive pour le grain.

Le trèfle et la luzerne sont pendant l'été une excellente nourriture pour les cochons : ils préfèrent le premier de ces fourrages au second ; celui-ci les nourrit cependant mieux, mais les échauffe. Je les leur fais couper de très-bonne heure au printemps aussitôt que la faulx peut les atteindre; l'herbe est alors plus tendre et il y a moins de déchet, car les cochons laissent les tiges aussitôt qu'elles deviennent dures pour ne manger que les feuilles. Ces plantes fauchées jeunes repoussent promptement et j'ai ainsi de l'herbe tendre pour mes cochons pendant toute la belle saison.

La betterave et le rutabaga donnent pendant l'automne beaucoup de feuilles; celles du rutabaga ne diffèrent en rien de celles du chou. Les opinions sont très-partagées sur la valeur de celles de la betterave; regardées par les uns comme une mauvaise nourriture, elles sont très-prisées par d'autres, leur propriété nutritive paraît dépendre du climat et il n'y a pas de doute que dans le midi, elles n'aient une valeur plus grande que dans le nord. Les cochons m'ont paru les préférer à celles du chou ; il faut leur donner les unes et les autres cuites; mêlées d'une certaine quantité de son ou de farine, elles peuvent servir à commencer l'engraissement.

Les pommes de terre sont regardées comme les plus nourrissantes des racines. Je pense cependant que les rutabagas et les carottes en diffèrent peu. La betterave est moins bonne; les unes et les autres doivent être données cuites. Lorsqu'on cultive des racines pour les cochons, il importe de choisir les variétés qui se conservent le plus longtemps. Je ne puis donner aucune indication exacte pour la pomme de terre. Pour ce qui est de la carotte, je puis dire que la variété appelée *rouge de Flandre à collet vert*, est celle qui possède le mieux cette qualité, j'en ai eu plusieurs fois jusqu'en juillet de fort bonnes de l'année précédente, c'est très-important pour les truies nourrices. Quoiqu'il en soit, les racines ne peuvent seules faire l'engraissement, il faut leur associer une certaine quantité de grain.

Parmi les grains employés à l'engraissement des porcs le maïs tient le premier rang à cause de la matière grasse qu'il contient. Cependant si, comme le veulent plusieurs physiologistes, on doit juger de la valeur nutritive des aliments par leur teneur d'azote, le maïs serait primé par les féveroles, les pois, les vesces et les gesses; l'avoine, le sarrazin même en contiennent plus que lui. Quoiqu'il en soit, il est la base de l'engraissement dans les contrées qui le produisent, mais comme il n'est pas encore prouvé que toute la graisse d'un animal provienne de la matière grasse contenue dans ses aliments; que d'ailleurs celle-ci ne constitue pas seule sa valeur; que le développement de la partie musculaire forme le cadre dans lequel la graisse vient se loger, il y a autant d'avantage à employer d'autres grains qu'à nourrir avec du maïs et l'on peut obtenir des résultats aussi bons avec l'avoine, le sarrazin, l'orge, l'épeautre et les divers grains de la famille des légumineuses que nous avons nommées ci-dessus. L'important est de ne nourrir que des animaux bien conformés et bien portants et de ne leur donner que des aliments de bonne qualité. Pour mon compte j'attache plus de valeur à ces deux points qu'à la composition chimique des substances alimentaires et je pense que le cultivateur qui engraisse des cochons doit leur donner de préférence les denrées les moins coûteuses à produire et les plus difficiles à vendre en nature. Il peut-être assuré que si ces animaux sont bien choisis, ils sauront les convertir en graisse tout aussi bien que des produits plus précieux. J'ai vu une truie de l'espèce de Yorckshire atteindre à 18 mois le poids de 210 kilogrammes, sans avoir mangé autre chose que des pommes de terre et du son. J'en connais une autre, au moment où j'écris, grasse à ne pouvoir pas marcher, qui n'a pas eu autre chose que la ration ordinaire d'eau grasse et le pâturage dans les trèfles avec les cochons d'élève; son poids est évalué à 200 kilog.

La châtaigne et le gland donnent au lard une grande fermeté et beaucoup de finesse et de saveur à la chair, et c'est à l'usage qu'on fait de ces fruits pour l'engraissement que les cochons de la race noire doivent la faveur dont ils sont l'objet sur les marchés du midi. La récolte du gland est très-chanceuse et on ne peut jamais compter sur elle; la châtaigne est un produit plus certain. L'un et l'autre sont donnés aux cochons crus et entiers et ils les mangent avec beaucoup d'avidité.

Les déchets de la laiterie tels que le petit-lait, le lait de beurre, le lait écrémé, rendent très-délicate la chair des cochons dans l'alimentation desquels ils entrent pour une forte part; en Angleterre, on les réserve ordinairement pour les sujets dont la viande doit être consommée comme porc frais. En France on donne ces résidus aux truies portières et aux élèves; et comme l'engraissement se fait presque toujours à une époque où les laitières donnent peu, on ne s'en sert que rarement pour les cochons à l'engrais. Il n'est pas douteux que leur usage ne fut profitable si on pouvait les employer pour délayer les bouillies.

On utilise aussi pour la nourriture des cochons, les résidus de brasserie et des distilleries; ceux qui ont le grain pour base sont les meilleurs, mais ils ne peuvent cependant pas eux-mêmes produire un engraissement parfait et lors-même qu'on y joint des aliments plus nutritifs le lard des cochons qui en sont nourris manque toujours de fermeté; il est préférable de faire consommer ces résidus à des porcs d'élève qu'à des animaux à l'engrais.

Nous en dirons autant du *Parun,* résidu des mégisseries, mélange de raclures des peaux blanches d'agneaux, de moutons et de chevreaux et de la farine et des œufs qui ont servi à leur apprêt : les fermiers des environs de Millau l'achètent au prix de 12 à 20francs les 100 kilog., selon les époques de l'année, pour en nourrir leur cochons. Cette matière ajoutée aux eaux grasses que l'on fait chauffer se gonfle considérablement et produit une sorte de gêlée. Les cochons qui en reçoivent en profitent beaucoup quoique cette nourriture soit un peu laxative; mais donnée à des animaux qu'on engraisse elle communique à leur chair un goût détestable.

Dans les fermes, c'est principalement au pâturage que sont nourris les cochons depuis le sevrage jusqu'à l'engraissement tout le temps que la température le permet. Les vieilles prairies artificielles leur conviennent beaucoup; l'été, après la moisson, ils ont les chaumes où ils trouvent des épis oubliés par les glaneurs et en outre une foule de plantes de leur goût. On les lâche aussi quelquefois sur des prés dont ils aiment l'herbage tendre et varié et auxquels leur présence ne nuit pas pourvu qu'on ait eu soin de les museler. Au retour du pâturage, ils reçoivent les eaux grasses ou du petit-lait et un supplément de trèfle, de luzerne ou d'autre verdure quand on peut le leur donner.

Dans les contrées qui produisent beaucoup de châtaignes et où on n'a pas toujours les moyens de les rentrer, on livre une partie des châtaigneraies aux cochons: on y envoie d'abord ceux qu'on veut engraisser; ils s'y remettent parfaitement.

Il est des localités où le pâturage dans les forêts entretient les cochons une partie de l'année ; ce pâturage est d'autant meilleur que les bois produisent beaucoup de racines, de vers, d'insectes dont ils font leur profit. Tout leur est bon : j'ai vu sur les montagnes du Lévézou une truie qui au printemps semblait se faire une spécialité de la recherche du frai des grenouilles; cette nourriture la relâchait beaucoup; malgré cela elle se portait bien.

Le pâturage des forêts donne un très bon goût à la chair des cochons; ils s'y maintiennent en bonne santé et s'engraissent ensuite aisément dès qu'on les rentre et qu'on augmente leur régime.

—

CHAPITRE VI.

Reproduction et élevage des porcs.

La vente des jeunes cochons étant un des principaux bénéfices de la porcherie, on doit faire choix d'une race féconde et ne conserver pour reproducteurs que des sujets nés d'une mère bonne nourrice.

Une bonne truie donne de 8 à 12 porcelets. On en cite qui en ont eu jusqu'à 19 dans une seule portée. Il n'y a pas avantage à cela; lorsque les petits sont trop nombreux, il y en a toujours plusieurs qui naissent faibles et pour aussi robuste que soit la mère, il lui est impossible de les bien allaiter. Elle a seulememt douze mamelons et lorsqu'il nait un nombre plus grand de petits, on est obligé de les séparer et de les faire téter en deux escouades ; cela peut amuser si l'on a du temps à perdre, mais cette minutie de détail ne va pas avec une agriculture sérieuse. Le nombre de cochonnets qu'une bonne truie peut bien allaiter est de dix ; c'est à ce nombre qu'on fera bien de se tenir et l'on se déféra de ceux qu'il y aura de trop lorsqu'ils auront 15 jours, âge où ils sont bons comme cochons de lait.

La truie porte 113 ou 114 jours ou, comme on dit vulgairement, 3 mois, 3 semaines et 3 jours ; il y a cependant des races où les femelles portent quelques jours de plus.

Une jeune truie forte et bien portante peut être couverte à dix mois. Il vaut cependant mieux attendre qu'elle ait un an ; à ce dernier âge le verrat peut commencer à saillir, mais on doit le ménager.

Une truie peut donner deux portées par an; on doit faire en sorte qu'une des portées naisse en mars, la seconde en août. La première a devant elle la belle saison, l'autre a le temps de se fortifier avant l'hiver : mais dans les contrées où l'hiver est précoce et finit tard, il est plus sage de se contenter d'une seule portée et de la faire alors venir au printemps, aussi précoce que possible. J'ai remarqué que dans les pays de montagne les porcelets qui naissent à la fin de l'été ou dans l'automne et qui ont l'hiver devant eux se développent mal, et réussissent moins bien que ceux qui naissent en avril, en mars et même en février. Ces derniers déjà forts au moment des gerbes nouvelles sont ceux qui profitent le mieux du pâturage. Olivier de Serres regardait le moment de la moisson comme « le meilleur temps pour cochonner » à cause du grain que les truies trouvent au pâturage. Cependant on doit régler la saillie des truies de manière à ce que les jeunes soient prêts pour la vente aux époques les plus favorables.

La truie portière doit être robuste, bien faite et sans défauts. Elle doit avoir toute la taille que comporte son âge et sa race; le nombre de ses mamelons devra être complet c'est-à-dire de douze. On rejettera celle dont le ventre habituellement pendant annonce de la faiblesse et une mauvaise constitution suite d'un mauvais régime.

On doit apporter plus de soin encore dans le choix du verrat, et principalement de celui dont la truie sera couverte la première fois; car il est reconnu que le premier mâle par lequel une femelle devient mère, laisse son empreinte dans les portées suivantes bien que de mâles différents. Le verrat sera aussi parfait que possible et choisi dans une race irréprochable, sous le rapport des formes et de la fécondité. Son corps doit être court et ramassé; ses membres fins, mais non pas grêles et terminés par des sabots petits et bien faits; sa peau libre et moelleuse; le groin court et petit, le front élevé entre les oreilles, le cou court et se confondant dans la ligne du dos qui doit être droit et large. Les côtes doivent être bien arrondies, les épaules et les cuisses amples et épaisses, la queue fine et déliée, le regard vif et le port assuré.

Comme la truie portière, le verrat doit être bien nourri; cependant lorsqu'on tient des animaux de petites races anglaises qui ont une disposition très grande à l'embonpoint, il faut éviter qu'il ne devienne exagéré chez les reproducteurs, les mâles deviendraient incapables de fonctionner, les femelles perdraient leur fécondité et seraient même souvent complétement stériles.

On fait ordinairement saillir les jeunes truies par les jeunes verrats et on donne les vieux aux vieilles truies; il importe que la taille du verrat soit proportionnée à celle de la truie. Lorsque de grandes truies sont couvertes par de petits verrats l'accouplement se fait mal et la portée est peu nombreuse. C'est ce qui arrive souvent lorsqu'on donne des mâles anglais de petites races, à jambes courtes, à des truies communes plus hautes sur jambes. Dans beaucoup de fermes on répugne à tenir des verrats, on envoie alors les truies à des verrats banals; trop souvent ces animaux sont tenus par de petits cultivateurs qui ne savent et ne peuvent leur donner les soins convenables et qui la plupart du temps les choisissent sans discernement; c'est une cause rapide de dégénérescence pour nos races. Dans les fermes où l'on attache de l'importance à l'élevage des cochons, il importe d'avoir des verrats en même temps que des truies. Un bon verrat peut servir pendant 5 ans; mais comme ces animaux deviennent méchants avec l'âge, il est rare qu'on les garde aussi longtemps; il n'y a d'ailleurs pas de profit à les laisser trop vieillir car leur chair devient dure et coriace et il est alors difficile de les engraisser. On ne garde pas non plus les truies plus longtemps pour l'ordinaire. Cependant lorsqu'elles ont des qualités précieuses ont peut prolonger leur durée : on en cite une qui a été conservée jusqu'à vingt ans à cause de sa fécondité.

On doit éviter d'accoupler des animaux d'un degré de parenté trop rapprochée et avoir soin de prendre les reproducteurs des deux sexes dans des familles différentes ; les croisements *en-dedans* offrent plus de danger dans l'espèce du porc que dans toute autre. On est cependant quelquefois obligé de faire de ces unions rapprochées, mais alors il faut s'efforcer d'en combattre l'influence par un bon régime et ne choisir que des sujets bien portants et bien constitués. Cette influence est beaucoup moins prononcée dans les vieilles races que dans les nouvelles qui sont encore peu fixées.

La truie entre très-fréquemment en chaleur, ordinairement tous les mois lunaires. Si elle ne le devenait pas à tel moment où on voudrait la faire couvrir, on pourrait amener cet état en lui donnant quelques poignées d'avoine grillée, arrosée avec du vin, ou mieux une poignée de graine de *fénugrec* matin et soir ; mais elle retient moins sûrement lorsqu'on amène la chaleur par ces moyens artificiels que lorsqu'elle vient naturellement.

Pendant le dernier mois de la gestation, la truie pleine doit être tenue isolément. On doit éloigner d'elle tout ce qui serait capable de lui occasionner des frayeurs, des mouvements violents, ou des chocs qui pourraient la faire avorter. On améliore graduellement le régime, mais cependant sans excès ; vers les derniers jours, il est bon de le diminuer un peu et de ne donner que des aliments de facile digestion.

La truie est portée à dévorer ses petits au moment de la naissance ; on doit la surveiller lorsqu'elle est près de mettre bas. On reconnaît que ce moment est proche à l'agitation qu'elle montre; elle parcourt sa loge en tout sens en flairant partout, remue sa litière, la transporte avec sa gueule et l'accumule dans un coin pour se faire un lit et s'y coucher. L'accouchement se fait avec facilité lorsque la mère est bien portante et chacun des petits s'empare en naissant d'un mamelon qu'il adopte pour tout le temps de l'allaitement. On doit cependant diriger ce choix et faire prendre aux plus faibles les mamelons de devant qui donnent toujours plus de lait que les autres.

On a soin d'empêcher la truie d'avaler le délivre ; on attribue à cela plusieurs mauvaises influences telles que d'augmenter les dispositions de la mère à dévorer ses petits, de lui donner pour la chair un goût qui la porte à attaquer la volaille, les agneaux, etc. mais surtout de diminuer la sécrétion du lait. Cela est contesté par la plupart des vétérinaires ; cependant cette opinion étant généralement répandue, il est probable qu'elle n'est pas sans fondement, bien que dans l'état de nature, l'instinct porte les femelles des mammifères à faire disparaître leur arrière faix en l'avalant, soit pour éviter une cause d'infection auprès de leur retraite, soit pour ne pas attirer les animaux carnassiers.

La truie nourrice, comme la truie portière, a besoin d'une bonne litière souvent renouvelée. La meilleure est la paille qui doit être courte de peur que les petits ne puissent pas en sortir aisément et ne courent le risque d'y être étouffés par leur mère.

Le travail de l'accouchement altère la truie ; il est bon de lui donner alors à boire de l'eau blanchie avec un peu de farine, ou mieux du lait. Elle est souvent échauffée pendant les premiers jours de l'allaitement ; dans ce cas, on doit lui donner une nourriture rafraîchissante telle que du lait, de la farine de froment, des laitues ou des carottes cuites. Si on voit qu'elle ait de la fièvre et qu'elle soit constipée, on lui fera prendre une cuillerée de fleur de soufre mêlée de farine dans son propre lait; on sait qu'après le part, le lait de toutes les femelles est purgatif. Après que la fièvre et l'échauffement seront passés, on rendra le régime plus substantiel, mais d'abord avec précaution, car une nourriture trop succulente donnée immédiatement après le part, a pour effet de conserver au lait de la mère ses propriétés purgatives plus longtemps qu'il ne convient; les nouveaux nés sont alors atteints de diarrhées très dangereuses à cet âge. On doit éviter les substances trop azotées et ne donner que des aliments médiocrement nourrissants jusqu'après le moment où l'on s'aperçoit que les petits ont fini d'être soumis à la purgation naturelle occasionnée par le premier lait. On lui donnera alors des racines parmi lesquelles la pomme de terre, la carotte et le rutaboga, devront être préférés; la betterave convient peu aux mères nourrices; le grain qu'on lui consacrera lui profitera mieux cru et entier ou concassé qu'en farine. Martin recommande avec raison de ne pas donner de farine aux nourrices et aux jeunes cochons. Lorsque le temps est beau, on peut la conduire au pâturage; l'air et l'exercice lui sont salutaires et rendent son lait plus abondant.

On augmente le régime de la truie à mesure que les petits grandissent. Lorsqu'ils sont âgés de deux semaines, ils commencent à manger, on leur donne d'abord du lait et peu à peu des aliments plus solides. On doit préférer ceux qui sont nourrissants sous un petit volume, tels que du pain, du grain et des châtaignes cuits que l'on mêle avec du petit lait ou de l'eau grasse. Peu à peu on ajoute des racines; au moment du sevrage, il est bon de leur donner de l'avoine concassée qui est alors préférable à tout autre grain selon l'avis de A. Young et de Dickson. On doit éviter une nourriture relâchante et ne pas leur donner par exemple de lait écrémé seul : privé de sa matière grasse, il ne forme plus qu'un aliment incomplet.

Il est important de ne pas sevrer les porcelets trop tôt. Ceux qui l'ont été avant le temps, qui doit être de deux mois, à deux mois et demi, ont toujours quelque chose de rabougri ; leur ventre forcé de se remplir d'aliments bien moins nutritifs que le lait de leur mère et qu'ils doivent par conséquent recevoir en grande quantité pour le remplacer, se distend, se balonne et devient pendant ; les muscles se déforment, la poitrine reste étroite et l'on n'a que des sujets mal conformés : un bon régime dans la suite est incapable de remédier au mal. Les paysans de l'Aveyron, se servent du mot patois *Embouyricat* pour exprimer l'aspect que présentent les jeunes animaux déformés par un mauvais régime.

A l'âge d'un mois et demi les porcelets peuvent lorsque le temps est beau, aller au pâturage avec leur mère ; ils y paissent peu ; mais l'air, la lumière et l'exercice leur sont salutaires. On doit éviter cependant de les laisser exposés à un soleil ardent.

On châtre avant le sevrage les jeunes mâles qu'on ne conserve pas pour la reproduction ; cette opération est sans danger. On attend plus longtemps pour les femelles. Celles-ci doivent avoir au moins quatre mois et l'opération ne doit se faire que lorsque les organes, qu'on doit leur enlever sont bien palpables. Nous ne décrirons pas ces opérations qui sont partout confiées à des personnes qui en font leur profession et dont la grande habitude assure le succès. Une fois sevrés, les cochons ne demandent que les soins d'hygiène que le cultivateur soigneux donne à tous ces animaux et qui consistent à les tenir propres, à leur donner une alimentation suffisante. L'été on les conduit dans les pâturages, au retour ils trouvent dans leur auge leur abreuvage, (1) composé des eaux grasses ou de petit lait, auquel on ajoute, si on peut, des feuilles de chou et d'autres herbes cuites et dans la cour un supplément de trèfle. L'hiver on les nourrit de racines délayées avec les eaux grasses. Lorsqu'on a des cochons de différents âges il est bon de donner à part leur repas aux plus jeunes et même de les tenir dans des loges différentes où ils ne risquent pas d'être maltraités par les vieux.

Les cochons qui paissent dans les prés ou prairies artificielles doivent être muselés; pour cela on leur passe dans le bord du groin deux ou trois brins de fil de fer dont les extrémités réunies sont tordues en plusieurs tours de spire. La gêne qu'ils éprouvent lorsqu'ils veulent fouiller la terre, les arrête et les empêche de bouleverser le gazon. Ceux qui paissent dans les bois, ne doivent pas être muselés afin de pouvoir librement se livrer à la recherche des racines et des vers.

Le cultivateur juge du moment où il lui est le plus avantageux de se défaire des cochons qu'il ne veut pas engraisser: il y a ordinairement plusieurs époques pour cela; après le sevrage, dans le voisinage des villes, on a souvent un bon débouché pour les jeunes cochons auprès des gens de la classe ouvrière qui les achètent pour les nourrir avec des eaux grasses et divers débris qu'ils se procurent à peu de frais. Dans les campagnes la vente des jeunes cochons a lieu le plus souvent l'automne au moment de la récolte des pommes de terre et des châtaignes. Les acheteurs les destinent alors à profiter des restes que laissent les cochons à l'engrais. Quelquefois aussi on en vend de plus âgés après que les en-

(1) Je prie mes lecteurs de me passer ce mot bien que peu français; il traduit mieux que tout autre les mots *biouratgé* ou *biouiré* dont se servent les paysans aveyronnais pour désigner la bouillie ordinaire des cochons.

graisseurs se sont défaits de leurs porcs gras ; enfin on vend aussi des cochons adultes à des personnes qui les achètent pour les mettre à l'engrais immédiatement.

Lorsqu'on tient des cochons de races communes peu précoces et qu'il faut garder 18 mois avant de pouvoir les engraisser, il y aurait peu d'avantage à les nourrir trop abondamment pendant la première année, mais plus tard à mesure qu'on approche du temps de l'engraissement, il importe pour qu'il se fasse aisément d'augmenter leur régime pour les avoir en bonne chair. Lorsqu'on tient des cochons de races améliorées, soit anglaises pures, soit croisées, on n'a pas à perdre à les tenir toujours à un bon régime à cause de leur précocité et de leur merveilleuse faculté d'assimilation. Il suffira alors de peu de chose pour achever de les engraisser.

Avant de les mettre à l'engrais, on châtre les verrats et les truies portières de réforme. Ces dernières ne doivent pas avoir reçu le mâle ni être en chaleur quand elles subissent cette opération qui chez elles est toujours chanceuse, surtout si elles ont de l'embonpoint. En Angleterre on engraisse le plus souvent les vieilles truies sans les châtrer. On leur donne auparavant le mâle comme on fait chez nous pour les vaches pour que le rut ne contrarie pas l'engraissement, qu'on doit alors faire aussi rapidement que possible. On ne pourrait pas agir ainsi avec nos truies communes à cause de leur lenteur à s'engraisser.

—

CHAPITRE VII.

Engraissement des porcs.

Nous supposons qu'on a choisi, pour les engraisser, des animaux bien conformés, bien portants et déjà en bonne chair. L'engraissement sera alors aussi facile qu'il eut été long et coûteux avec des animaux en mauvais état. « Il n'y a que les bœufs gras qui s'engraissent, me disait un jour un vieil agriculteur : » on pourrait en dire autant des cochons. Ceux de nos races indigènes peuvent être rarement engraissés avant dix-huit mois ; beaucoup de métis anglais peuvent l'être à 10 mois. Deux métis de Hampshire et de Périgord, n'ayant guère qu'un quart de sang anglais engraissés à cet âge ont pesé chacun environ 140 kilos.

On commence l'engraissement avec des racines bouillies ou cuites à la vapeur auxquelles on ajoute de la farine et plus tard une ration de grain, de châtaignes ou de gland.

On forme avec les racines une bouillie qu'on délaye avec les eaux grasses et à laquelle on ajoute la farine. Celle de gesses, de pois, de féveroles, d'avoine et de sarrazin sont les meilleures. Les cochons à l'engrais profitent mieux de leur nourriture lorsqu'on la fait aigrir. On fait lever une certaine quantité de farine et lorsqu'elle est aigrie, on la mêle à la bouillie qu'il faut préparer à l'avance pour qu'elle ait le temps de fermenter sous l'influence du levain. La bouillie doit être donnée épaisse et les cochons doivent avoir dans leur loge un baquet rempli d'eau claire où ils boivent selon leur besoin ce qui vaut mieux que de les laisser se gorger d'un aliment trop liquide.

Lorsqu'on emploie le maïs à l'engraissement des cochons on le leur donne ordinairement cru et entier. Il en est de même des châtaignes et du gland. Il est bon, lorsqu'on n'a ni gland, ni châtaignes, ni maïs, de leur donner crues quelques poignées d'autres grains ce qui varie leur nourriture et entretient leur appétit. Il est utile aussi de leur donner de temps en temps, mais en petite quantité, quelques racines crues, coupées par tranches pour les rafraîchir.

Au moment où l'on met les cochons à l'engrais, on augmente d'abord leur ration de peu de chose pour éviter les indigestions et l'on arrive progressivement à leur donner tout ce qu'ils peuvent prendre, mais on ne doit jamais remplir leur auge au point qu'ils ne puissent pas la vider complétement : il faut prendre garde d'amener chez eux la satiété et le dégoût. Les médecins recommandent de se lever de table avec un restant d'appétit; ce précepte s'applique aussi bien au cochon qu'à l'homme. Il faut lui donner modérément à la fois et plus souvent, et varier la nourriture. On stimule son appétit en lui donnant un peu de sel dans ses aliments et de temps en temps une cuillerée de fleur de soufre.

L'état des excréments des cochons à l'engrais servira de guide pour modifier leur régime. Ils sont normalement de consistance moyenne et d'un vert tirant sur le brun ; s'ils deviennent durs on remplacera une partie de la farine par du son, on rendra les aliments moins consistants et si on a de la carotte ou du rutaboga on leur en donne de préférence aux pommes de terre ; si l'on n'a que de celle-ci, on la leur donne plus délayée. Si les excréments deviennent au contraire trop liquides, on rendra la nourriture plus tonique en augmentant la dose de grain et en leur donnant du gland et des châtaignes.

Il importe que les repas des cochons leur soient régulièrement donnés; lorsqu'on les leur fait attendre, ils s'inquiètent et s'agitent, ce qui est contraire à l'état de repos où on doit les maintenir.

Les cochons à l'engrais ne doivent pas être trop nombreux dans la même loge ; il serait bien de n'en pas mettre plus de quatre ensemble. Les cultivateurs anglais n'en mettent ordinairement que deux. Les loges doivent être tenues très propres ; il est bon qu'elles soient chaudes. La litière doit être abondante et souvent renouvelée. On doit éloigner le bruit et tout ce qui peut déranger les cochons.

Il est des contrées où l'on est dans l'usage de laver souvent les cochons à l'engrais. Selon Richardron, des lotions à l'eau de savon, faites une fois par semaine avec une brosse, auraient sur l'engraissement la plus heureuse influence.

Il n'est pas possible d'établir d'une manière absolue des rapports entre les aliments donnés aux cochons à l'engrais et le poids que ceux-ci acquièrent. Cela dépend de leur âge, de leur conformation et de leur race. Les petites races anglaises sont celles qui s'engraissent le plus aisément : les cochons jeunes s'engraissent mieux que ceux qu'on a laissés trop vieillir. La bonne santé des animaux jointe à leur bonne conformation rendent l'engraissement prompt et facile.

Le temps nécessaire pour l'engraissement des cochons, destinés à donner du lard varie de 2 à 4 mois selon les races et l'état où ils sont au début. Mais lorsqu'il s'agit de sujets de petites races anglaises qu'on livre aux charcutiers depuis l'âge de 4 mois, jusqu'à 7, le temps requis est beaucoup plus court. Ces cochons sont toujours abondamment nourris et il suffit d'augmenter un peu leur régime quelques jours avant de s'en défaire pour les rendre prêts pour la vente. Ce n'est pas du lard qu'on veut, mais une chair tendre et délicate où le gras et le maigre soient dans d'égales proportions : la bonne qualité de cette viande sera considérablement augmentée si ces animaux reçoivent avec leurs autres aliments du lait écrémé ou du lait de beurre : mais en France on en a encore peu l'usage et il est à croire qu'elle ne serait pas partout payée à sa valeur.

On peut résumer comme il suit les règles à observer pour réussir dans l'engraissement des cochons.

1o Éviter de donner de mauvais aliments provenant de substances malsaines et corrompues : ils ne produiraient qu'une viande de mauvaise qualité impropre à la consommation.

2o Donner un peu de sel dans les aliments.

3o Donner aux cochons leurs repas à des intervalles réguliers; condition essentielle qu'aucun autre soin ne remplace.

4o Laver soigneusement les auges avant les repas.

5o Ne donner aux cochons que ce qu'ils peuvent manger et ne jamais remplir leur auge de manière à ce qu'ils ne puissent pas en achever le contenu dans un repas.

6o Varier les aliments pour appeler et entretenir l'appétit.

7o Éloigner le bruit, éviter tout ce qui peut déranger les cochons et troubler leur repos.

—

CHAPITRE VIII.

De l'hygiène et de quelques maladies des cochons.

Le cochon dont le nom est regardé comme le symbole de l'abrutissement et de la saleté est au contraire un animal intelligent, sensible et affectueux. Il aime la propreté et souffre plus qu'aucun autre peut-être d'un logement mal tenu. Il ne dépose ses excréments dans les lieux qu'il habite et dans les pâturages qu'il fréquente que lorsqu'il y est contraint. Sa constitution l'oblige à chercher dans l'eau des mares une fraîcheur nécessaire pour entretenir la souplesse de sa peau et il se vautre avec plaisir dans la terre humide pour se débarrasser des insectes parasites, bien sûr que l'air et le soleil dessécheront et feront tomber la boue dont il se couvre. Il n'est pas plus sale en cela que le chien qui se roule en sortant de l'eau sur la terre poudreuse pour se sécher. Mais ce besoin est moins impérieux chez les cochons bien tenus et fréquemment lavés ; il est du reste partagé par d'autres animaux du même ordre auxquels une constitution pareille donne les mêmes besoins.

C'est une erreur de croire que la peau épaisse du porc et la couche de lard qu'elle recouvre suffiront pour le préserver du froid. Il n'y a qu'à voir combien il aime surtout pendant l'hiver à s'enfoncer dans sa litière pour comprendre qu'il a besoin d'être tenu chaudement. Sa peau malgré son épaisseur est aussi sensible que celle d'aucun autre animal ; il aime qu'on le gratte doucement, qu'on le frotte ; il jouit de

4

ces caresses avec autant de volupté que le chien, et s'attache aux personnes qui les lui prodiguent.

Nous avons dit qu'elles sont les conditions d'un bon logement pour les cochons, ajoutons qu'on ne doit pas y laisser séjourner le fumier. La litière qui a servi aux animaux doit être, lorsqu'elle est salie, enlevée de dessus le plancher de la loge et mise sur le pavé pour absorber les excréments. Les amateurs (car il y en a pour cette espèce comme pour beaucoup d'autres, qui élèvent des cochons de race améliorée autant dans un but d'amusement que de profit), les amateurs, dis-je, qui n'ont qu'un couple de porcs, répandent dans les loges de la sciure de bois qu'ils font enlever tous les jours; mais on comprend qu'on ne peut que rarement s'en procurer assez pour une porcherie nombreuse.

Les cochons n'entrent pas toujours volontiers dans un bassin pour s'y baigner; on les y accoutume en y jetant quelques friandises qu'ils vont chercher à la nage; il faut qu'un côté au moins du bassin soit en pente douce pour qu'ils puissent y entrer et en sortir aisément. A défaut de bassin, on doit les laver souvent. Dans quelques cantons de l'Aveyron et du Lot, ces lotions ont lieu plusieurs fois par jour: après qu'on a baigné ou lavé les cochons on doit attendre pour les faire rentrer dans leurs loges qu'ils se soient séchés, sans cette précaution ils mouilleraient leurs litière et seraient couchés dans l'humidité, ce qu'il faut éviter.

La nourriture des cochons doit être préparée avec propreté; on doit nettoyer fréquemment les vases qui la contiennent, ne pas la laisser corrompre et ne jamais leur donner de substances corrompues. On dit souvent que tout est assez bon pour les cochons; c'est une erreur et bien des maladies dont on cherche en vain la cause, n'en ont pas d'autre qu'une mauvaise nourriture. On doit éviter de leur donner leurs aliments trop chauds. Il est utile de leur donner de temps en temps une ration de sel, mais on ne doit jamais employer celui qui a déjà servi aux salaisons qui est pour eux un poison. Pendant les chaleurs il est bon de leur donner de temps en temps une demi cuillerée de sel de nitre dans leur boisson pour les rafraîchir.

On ne doit pas conduire les cochons au pâturage l'été pendant la grande chaleur du jour et les laisser exposés à un soleil ardent, il faut les faire alors sortir le matin et le soir et les rentrer dès que la chaleur se fait sentir.

La plupart des maladies des cochons ont pour cause la malpropreté, les mauvais logements, le manque de régularité dans les repas. La malpropreté occasionne les maladies de la peau ; un logement humide et froid, des rhumatismes, des toux, des catarrhes, des inflammations du poumon ; une nourriture malsaine, les maladies de l'estomac ; l'irrégularité du repas, les indigestions. Ce sont autant de causes de maladie qu'il faut s'efforcer d'éviter.

Si chez les animaux, les caractères et les mœurs sont comme chez l'homme des indices du tempérament, l'ardeur et la vivacité du cheval annoncent un tempérament sanguin; la tranquillité du bœuf et du mouton un tempérament lymphatique, la brusquerie du porc, son humeur indépendante et revêche, le sentiment très prononcé qu'il montre de sa personnalité, indiquent chez lui comme chez l'âne un tempérament bileux-sanguin. Aussi la plupart de ses maladies viennent elles de la bile et du sang et empêche-t-on ces indispositions de s'aggraver en lui faisant prendre à propos quelques doses de fleur de soufre ou d'antimoine qui agissent comme purgatifs, et en le soumettant à un régime rafraîchissant.

Pour obtenir un effet à la fois purgatif, rafraîchissant et apéritif, les éleveurs anglais emploient un mélange dont nous donnerons ici la formule d'après le *Farmer's almanacd*.

Fleur de soufre	500	grammes.
Garance en poudre	500	id.
Sel de nitre	250	id.
Sulfure d'antimoine	60	id.

Dans les indispositions ordinaires des cochons on emploie ce mélange à la dose d'une cuillerée matin et soir mêlée aux aliments, pour un sujet adulte. On proportionne la dose à l'âge pour les jeunes. J'emploie ce mélange dans ma porcherie et je le crois digne d'être recommandé. J'en ai obtenu de très-bons effets sur des sujets qui paraissaient très-malades.

Il n'est pas toujours aisé d'administrer des remèdes aux cochons malades. Pour ce qui est de la saignée, il est difficile d'obtenir un bon jet de sang. Il est inutile d'essayer à la veine jugulaire, à cause de l'épaisseur de la peau et du lard; on doit donc opérer sur d'autres parties du corps. L'une des meilleures est le dessous de l'oreille où l'on peut ouvrir l'une des nombreuses veines qui se ramifient près de la base. On peut aussi saigner sur la veine qui est au côté intérieur des jambes de devant, un peu au-dessus du genou, en faisant préalablement une ligature au-dessous de l'épaule; c'est le meilleur endroit lorsqu'on a besoin de faire une saignée copieuse. On saigne aussi en coupant le bout de la queue.

Il est plus difficile encore de faire prendre aux cochons des potions par force, surtout lorsqu'on a à faire à des sujets vigoureux. On est obligé de les abattre et on ne les maintient couchés qu'avec l'aide de plusieurs personnes; on leur ouvre la gueule avec un baton pour y verser le remède avec une bouteille; mais l'irritation qu'ils éprouvent et les mouvements violents qu'ils se donnent aggravent souvent le mal; on ne réussit même que difficilement à leur faire avaler une faible portion du remède, car loin de faire aucun mouvement de déglutition, la colère leur fait au contraire tout rejeter. Ce n'est qu'en mêlant le remède aux aliments ou à quelque friandise pour laquelle ils aient un goût particulier qu'on pourra le leur faire prendre.

Je n'ai pas l'intention de décrire ici toutes les maladies qui attaquent le porc, ni d'indiquer les moyens de les guérir. Cependant il en est quelques unes plus aisées à reconnaître que les autres et plus fréquentes qu'il est bon de savoir traiter en l'absence du vétérinaire.

Maladie inflammatoire épidémique. Les cochons sont assez souvent frappés par une affection inflammatoire épidémique d'un caractère charbonneux à laquelle ils succombent promptement. Les symptômes en sont variables; l'animal a d'abord de la fièvre, il est triste, il délaisse ses aliments et montre une soif ardente; il est constipé et urine peu; le ventre devient dur et gonflé, le flanc bat et la respiration est courte et oppressée; il tousse, ses yeux sont larmoyants, il jette des mucosités par les naseaux; sa gueule se couvre d'ulcères et son corps de taches gangréneuses; il chancelle et devient paralysé; il tombe du second au quatrième jour et souvent meurt dans des convulsions.

La cause de cette maladie est inconnue comme celle de la plupart des épidémies et on voit y succomber des sujets soumis à des régimes différents. Elle laisse peu d'espoir de guérison; cependant si l'on attaque le mal au début et avant l'invasion des symptômes charbonneux, on peut quelquefois réussir à le combattre : on fera une abondante saignée et l'on placera un seton à la poitrine; on purgera l'animal malade avec une dose d'émétique qui variera de 5 à 20 centigrammes selon la force du sujet. On fera des lotions d'eau sédative très forte sur le corps; on tiendra à la portée du malade de l'eau fraîche légèrement acidulée et on ne lui donnera pour nourriture qu'un peu de grain cuit. Si les symptômes inflammatoires disparaissent sous l'influence de ce traitement, l'animal pourra revenir peu à peu à la santé, mais il restera longtemps faible et demandera beaucoup de soin.

On doit s'empresser d'isoler les animaux atteints. Cette observation s'applique du reste à tous les autres cas de maladie.

Mais le plus sur pour l'éleveur est de s'efforcer de prévenir le mal. En temps d'épidémie on devra passer à l'eau de chaux les murs des loges et faire en même temps des fumigations désinfectantes; pendant les chaleurs on donnera aux cochons de temps en temps de l'eau acidulée ou des boissons dans lesquelles on aura fait dissoudre un peu de sel de nitre; on mettra du sel dans leurs aliments. Roche-Lubin, vétérinaire distingué de l'Aveyron recommandait de donner quelquefois aux cochons quelques morceaux de vieux fromage de Roquefort, pour stimuler les fonctions de l'estomac. On pourrait employer dans ce but ce produit secondaire des caves de Roquefort connu sous le nom de Rhubarbe fait avec les raclures des fromages et qu'on se procure à bas prix. Richardron assure s'être bien trouvé de faire prendre à ses cochons en temps d'épidémie de petites doses de camphre et de sel de nitre dans une décoction d'oseille. Il ajoute que quelques personnes ont retiré de bons effets d'une petite dose de calomel : la sécrétion du mucus nazal en était augmenté, l'urine plus limpide et plus fréquente et les évacuations des matières fécales plus faciles et plus copieuses.

Fièvre. Elle s'annonce par la rougeur des yeux, la sécheresse du museau, la chaleur des oreilles et généralement celle de tout le corps, une soif ardente et la perte de l'appétit. Un logement insalubre, le manque d'eau, le passage subit d'un mauvais régime à un régime meilleur en sont les causes ordinaires. On la combat par la saignée, après quoi on laisse l'animal en repos dans une loge aérée et bien garnie de litière. Si la fièvre n'est pas le début d'un mal plus grave, il est rare qu'elle ne tombe pas bientôt après la saignée.

Rougeole, mal rouge. Les symptômes sont des taches rouges, autour du groin et des oreilles, aux aisselles et au côté interne des cuisses, parsemées de petites pustules remplies d'eau qui crèvent et auxquelles succèdent des croûtes qui, plus tard se détachent en écailles farineuses. Peu à peu le mal s'étend et envahit tout le corps. Cette affection est accompagnée de fièvre, de pertes d'appétit, de vomissements de toux et de faiblesse qui atteint surtout les membres postérieurs. Les yeux sont chassieux et l'animal jette des mucosités par les naseaux. On doit d'abord placer le malade dans un lieu sain et aéré avec de la litière bien sèche ; on diminuera le régime qu'on rendra rafraîchissant. On lui donnera trois fois par jour une demie cuillerée du mélange du *Farmer's almanacd* ou simplement du soufre et du nitre avec de l'orge cuite ; on fera tous les jours des lotions sur le corps avec de l'eau tiède dans laquelle on aura fait bouillir quelques poignées de *lichens foliacés* qu'on trouve partout sur les troncs d'arbre et qui donnent une décoction à la fois tonique et mucilagineuse ; peu à peu le mal cède à cette médicamentation. On attribue le mal rouge à l'habitude de servir aux cochons leurs aliments trop chauds.

Dartres. Les éruptions dartreuses de la peau cèdent ordinairement aux soins de propreté et à des lotions faites avec une solution de chlorure de chaux. On doit mettre les cochons qui en sont atteints à un régime rafraîchissant et leur faire prendre du sel de nitre mêlé de fleur de soufre. Il importe d'attaquer le mal au début et de ne pas le laisser s'aggraver faute de soins.

Indigestion. La voracité des cochons les rend souvent sujets à des indigestions auxquelles ils sont d'autant plus exposés que leur régime est moins régulier. Le remède le plus simple est la diète ; on doit les y tenir jusqu'à ce qu'ils aient digéré les matières dont leur estomac est surchargé. Lorsque la digestion sera faite, on donnera de l'eau blanchie tiède et on ramènera peu à peu le malade à son régime ordinaire, on lui fera prendre quelques doses de fleur de soufre ou mieux du mélange du *Farmer's almanacd.*

Diarrhée. Les cochons tenus dans des loges froides, humides et mal entretenues sont souvent atteints de diarrhée. Les jeunes y sont plus exposés que les vieux. On donnera aux malades des aliments de facile digestion avec de l'eau blanchie et tiède pour boisson. Si le mal est attaqué au début, ce changement de régime suffira pour l'arrêter, s'il persiste on mêlera aux aliments une fois par jour une ou deux cuillerées de craie qui absorbe et neutralise les acidités de l'estomac et s'il s'agit de sujets très jeunes, on remplacera la craie par de l'amidon. Si le mal persiste on peut essayer de faire prendre aux sujets la potion suivante très-usitée en Angleterre pour les animaux atteints de diarrhée et que plusieurs de mes amis à qui je l'ai fait connaître ont employée sur des veaux avec succès :

Craie	50 grammes.
Cachou en poudre.	25
Gingembre	5
Opium	3
Mucilage de gomme	100
Eau de menthe	300

Pour des sujets adultes donner à la dose de deux cuillerées matin et soir; en proportion de l'âge pour les jeunes.

Ladrerie. La ladrerie des cochons est attribuée à la malpropreté qui ne l'engendre pas mais qui en favorise le développement. Les corps répandus dans le lard, dans les muscles et sur la langue des cochons ladres sont des helminthes dont les naturalistes ont fait le genre *cysticerque*. Mais d'après les plus récents observateurs, les cysticerques ne seraient que des tœnias avortés, dont les œufs seraient répandus dans les tissus par la circulation. On cite des expériences où des animaux à qui l'on avait fait prendre des œufs de tœnia dans leurs aliments ont eu des cysticerques dans leurs tissus, tandis que d'autres mis en comparaison avec les premiers et qui n'avaient pas reçu d'œufs de tœnias en ont été préservés. Il est peu probable que les cysticerques se reproduisent dans les lieux où ils vivent; on ne leur a point trouvé d'organes génitaux. Selon M. Dujardin, placés dans l'épaisseur des tissus les cysticerques ne peuvent y acquérir leur développement normal et doivent périr en quelque sorte à l'état d'embryon hypertrophié.

Les tœnias de différentes espèces sont plus fréquents chez l'homme qu'on ne croit généralement; un mauvais régime prédispose et leurs œufs qui sont très-nombreux sont rendus avec les excréments; les cochons qui avalent ces ordures y prennent la cause de la ladrerie. Que l'on veuille bien remarquer que les cochons des pauvres gens, ceux des habitants des villages et ceux des petites fermes sont plus souvent atteints de ladrerie que ceux des grandes fermes isolées où ces animaux sont en grand nombre relativement au personnel et où ils ont par conséquent moins d'occasion de s'infecter.

D'après ce qui précède on peut croire que des cochons qu'on empêchera de manger des excréments humains, ne seront pas exposés à devenir ladres. L'établissement de latrines dans les fermes et la précaution de ne prendre pour valets que des gens bien portants peuvent beaucoup diminuer pour les porcs les chances d'infection.

Selon Rodat on prévient et on combat la ladrerie en faisant boire aux cochons de l'urine humaine. Ajoutons que les substances toniques et amères sont de bons anthelmintiques. Les bergers du Larzac donnent de la suie à leurs troupeaux pour les préserver des vers et du tournis, maladie occasionnée par la présence d'un helminthe. Le même moyen préservatif pourrait peut-être, être employé pour le porc. On pourrait essayer de mêler de la suie de temps en temps à sa nourriture. Les auteurs anglais recommandent lorsque l'infection est prise au début, la saignée, un régime modéré, la propreté, des lotions fréquentes à l'eau de savon, auxquelles on ajouterait un peu de soude et de potasse. Ils conseillent aussi des frictions avec un onguent composé de fleur de soufre, de thérébentine, d'onguent mercuriel et d'huile de lin, et à l'intérieur des doses légères de sel de nitre, de soufre et d'antimoine. Tout cela se réduit à dire que la science ne possède aucun moyen assuré de combattre la ladrerie.

Les êtres parasites prospèrent mal sur les animaux ou les végétaux bien portants ; d'un autre côté il est à croire que les cysticerques ne se reproduisent pas dans les tissus où ils vivent. D'après cela on doit espérer que si des cysticerques se développent dans le corps d'un porc en assez petit nombre pour que sa santé n'en soit pas affectée, ils ne tarderont pas à être détruits par le fait même de la santé; mais lorsqu'il s'agit d'animaux d'une constitution mauvaise où les parasites trouvent un terrain favorable, où tous les germes amenés par la circulation se développent, il est à croire qu'il n'y a aucun remède au mal. Il faut donc s'efforcer de le prévenir par la santé même et tenir ses cochons propres et bien portants.

La ladrerie n'est point héréditaire.

Gale. Elle a pour cause un insecte du genre *sarcopte* qui se loge sous l'épiderme où sa présence occasionne de petites pustules qui tourmentent les sujets atteints par la démangeaison qui en résulte : elle est contagieuse mais ne s'établit d'une manière durable que sur des animaux faibles et soumis à un mauvais régime,

Le développement de la gale est favorisé par l'acreté du sang et la malpropreté. On doit mettre les sujets attaqués à un régime rafraîchissant ; les baigner tous les jours et les laver soit avec de l'eau de savon, soit avec une dissolution étendue de chlorure de chaux. On peut aussi guérir la gale promptement en faisant sur les parties du corps où elle se montre des frictions avec de *l'huile de cade*.

Piétin ou fourchet. Il consiste dans une inflammation et un engorgement du follicule situé dans la fourchette du pied et appelé *Canal biflexe*. L'inflammation s'étend aux parties voisines et pénètre sous la corne du sabot qui se détache du pied. Cette maladie est contagieuse et bien que la plupart des auteurs la regardent comme propre aux bêtes à laine, il est certain qu'elle se communique de cette espèce aux cochons ainsi que j'ai eu occasion de l'observer dans la ferme de la Tacherie où des cochons prirent le piétin pour avoir été enfermés dans un lieu où avaient été accidentellement logés des moutons atteints de ce mal. Il fut, il y a plusieurs années, très-répandu chez les cochons gras de quelques départements et l'on fut obligé de faire voyager en charrette ceux que l'on conduisait du Lot et de l'Aveyron dans le midi.

On doit aussitôt qu'on s'aperçoit de la maladie se hâter d'opérer les pieds des animaux atteints ; on enlève par plaques avec un instrument bien tranchant les parties de l'ongle détachées et les chairs malades, sans cependant faire couler le sang ; on nettoie le canal biflexe en raclant jusqu'au vif et on saupoudre les parties opérées avec du vitriol bleu (sulfate de cuivre) pulvérisé. On enveloppe le pied malade avec un morceau de vieux linge, après avoir placé entre la fourchette un tampon d'étoupe pour empêcher le vitriol de tomber.

M. Guiata a donné dans le *Journal d'Agriculture pratique* la formule suivante pour composer un onguent qui a l'avantage d'être assez adhérent pour dispenser des bandages.

Sous acétate de cuivre	500	grammes.
Acide pyroligneux	150	id.
Axonge	300	id.
Cire jaune	50	id.

On fait d'un côté une pâte avec le sel de cuivre et l'acide pendant que de l'autre on fait fondre à une chaleur douce l'axonge et la cire. Après leur refroidissement on incorpore le tout soigneusement dans un mortier de bois ou de porcelaine. On taille et on nettoie le pied malade comme à l'ordinaire et on applique l'onguent avec le doigt.

Gonflement du fourreau. Tous les mâles d'une compagnie de jeunes cochons furent un jour dans ma ferme attaqués de cette maladie, le fourreau était gros, tuméfié et mes cochons ne pouvaient pas uriner. Faute d'un vétérinaire à consulter, j'ordonnai des fomentations avec de l'eau de mauve sur la partie malade et du sel de nitre dans la boisson à la dose d'une cuillerée par bête, peu d'heures après mes malades urinèrent aisément. Je fis donner le lendemain une nouvelle dose de sel de nitre et le mal disparut en peu de temps.

Cette affection qu'on a décoré du nom *d'acrobustile* est propre à tous les animaux domestiques. On la combat au début par un lavage complet du fourreau à l'eau de savon tiède où l'on ajoute un peu de lessive. Si elle prend de l'intensité, on peut faire quelques scarifications, que je ne conseille cependant qu'à la dernière extrémité. Il faut dans tous les cas couper les poils qui entourent l'orifice afin qu'ils ne soient pas agglutinés par les mucosités qui s'en échappent et le tenir ouvert par des lotions fréquentes. Ce mal est tout local et on n'en connaît pas la cause; cependant le succès du sel de nitre dans le cas cité ci-dessus indiquerait qu'elle provient d'échauffement. On devra donc rendre le régime rafraîchissant.

Crevasses. Les cochons qui sont exposés avec des abris insuffisants aux variations de la température, ceux qui manquent d'eau pour se baigner et qu'on néglige de laver sont sujets à avoir des crevasses à la peau, surtout s'ils sont exposés à un soleil ardent ; il s'y forme des plaies qui attirent les mouches et qui bientôt s'enveniment. La base des oreilles, celle de la queue et les flancs sont les parties du corps où on en voit le plus souvent. On les guérit promptement en les cautérisant avec une solution de vitriol bleu. Après quoi on les frotte avec un onguent composé de goudron et de saindoux.

La soie. C'est le nom que les paysans de l'Aveyron donnent à une affection singulière sur laquelle je n'ai trouvé de renseignements chez aucun auteur et qui cependant est assez fréquente chez le porc.

Les bulbes de plusieurs poils raprochés paraissent se souder et se réunir en un seul tubercule qui pénètre en s'enfonçant dans l'épaisseur du cou, entraînant avec le pinceau de poils auquel il sert de base la peau qui environne le point où il est implanté ; il se forme aussi autour du pinceau un tube qui le renferme entièrement sauf une extrémité qui demeure ouverte en-dehors. Le tout forme un cordon de près d'un centimètre d'épaisseur ; si l'on ne se hâte d'en débarrasser l'animal atteint, le cordon s'allonge et s'enfonce de plus en plus dans le cou ; il finit, dit-on, par s'entortiller autour de la trachée artère et l'animal meurt étranglé. J'ai eu, il y a plusieurs années, des cochons attaqués de la soie : je n'en ai perdu aucun ; un brave homme de mon voisinage les en débarrassait par une opération qu'il pratiquait avec beaucoup d'adresse et qui consistait à détacher avec un bistouri le bord du tube de peau et à disséquer tout autour en le tirant doucement au-dehors jusqu'à ce qu'il fut arrivé à sa base qu'il détachait. Je lui ai vu enlever ainsi un cordon de près de 15 centimètres. Les cochons ne paraissaient pas souffrir beaucoup des suites de l'opération et on abandonnait la plaie à elle-même en se bornant à la couvrir d'un peu de graisse douce pour la préserver du contact de l'air.

Poux. La présence des poux ne constitue pas une maladie. Les cochons mal tenus en ont souvent et les mieux soignés n'en sont pas toujours exempts. C'est pour s'en débarrasser autant que pour se rafraîchir que les cochons aiment à se vautrer dans la terre détrempée. Sans avoir recours à des moyens dangereux comme l'onguent mercuriel ou le vert de gris, on peut détruire les poux en lavant plusieurs fois par jour les animaux qui en ont avec une forte décoction de tabac, ou même simplement de la lessive. J'ai employé avec succès la poudre de *Pyrethre*.

Dans le cas de maladie grave le plus sûr sera toujours de s'adresser au vétérinaire, mais nous rappellerons en terminant à l'éleveur qu'il vaut mieux *prévenir le mal que de le guérir*. On y réussit presque toujours par une bonne hygiène dont les prescriptions peuvent se résumer en peu de mots : propreté, bon logement, sec, chaud et aéré ; régularité dans les repas, usage de sel dans les aliments et de temps en temps une petite dose de fleur de soufre dans le repas du matin ; il ne faut pas autre chose pour conserver la santé dans la porcherie et s'éviter beaucoup de tracas et de pertes.

—

TABLE DES MATIÈRES.

Villefranche — Typographie de veuve CESTAN, née MOINS.

www.ingramcontent.com/pod-product-compliance
Ingram Content Group UK Ltd.
Pitfield, Milton Keynes, MK11 3LW, UK
UKHW021646260726
13994UKWH00003B/1294